Fabrication

ET

Conservation du Cidre

CONFÉRENCE

Faite à LA-VALLÉE-AUX-BLEDS le 4 Novembre 1899

PAR

P.-A. SANDRA

Officier d'Académie

Édité par la Maison Arnaud SANDRA

GRAINS, GRAINES FOURRAGÈRES ET ENGRAIS

LA-VALLÉE-AUX-BLEDS par LEME (Aisne)

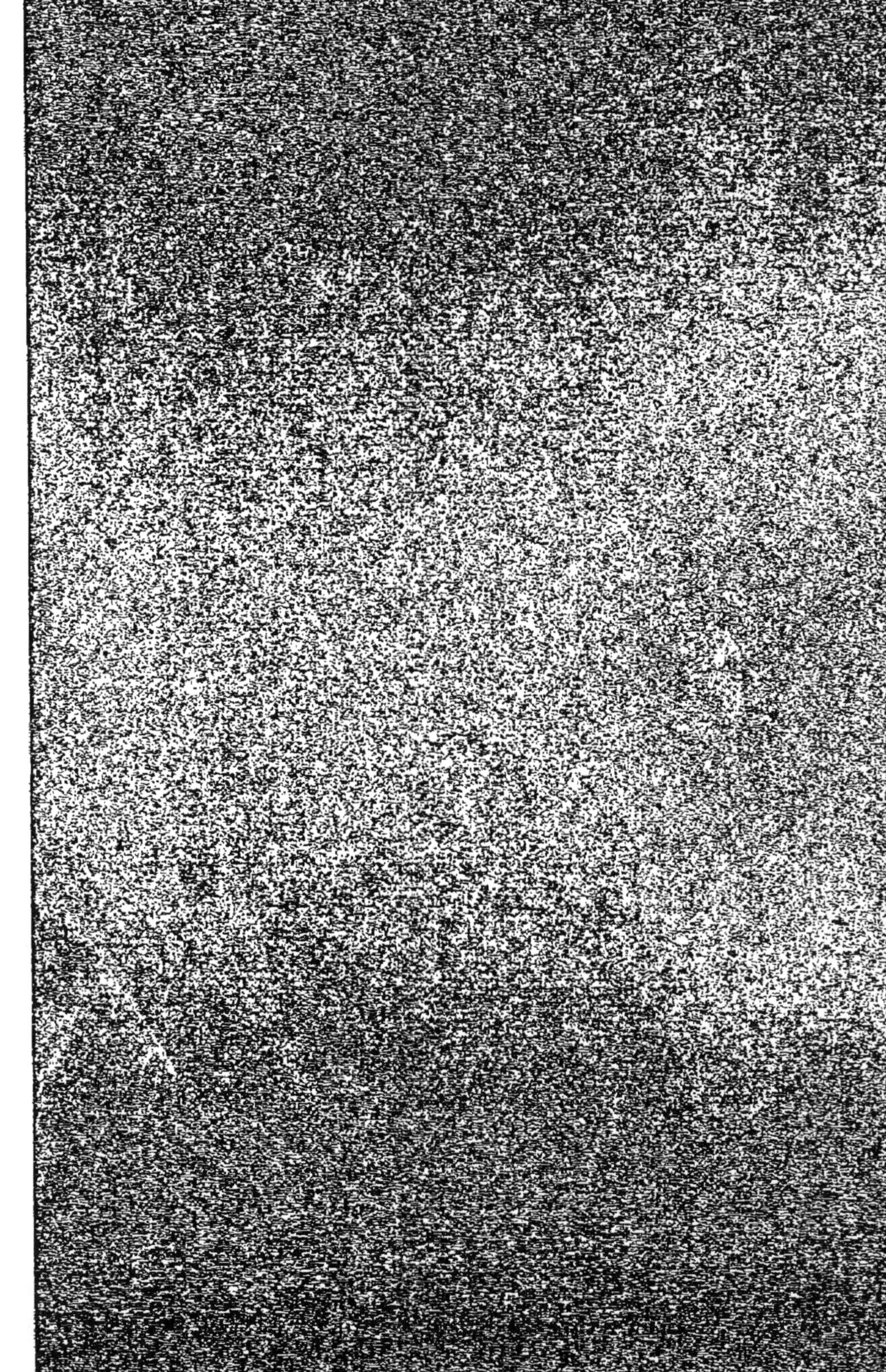

CONFÉRENCE

sur la fabrication et la conservation

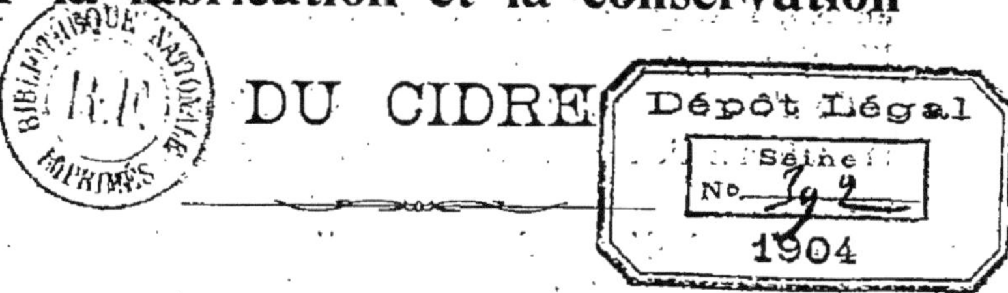

DU CIDRE

Il y a déjà bien longtemps, allez, que le cidre a réjoui et consolé le cœur de l'homme.

Croiriez-vous que les anciens, les Égyptiens, les Hébreux, les Grecs et les Romains le connaissaient ?

Ils l'honoraient du nom de **vin** de pommes, **vin** de poires, nom que nous devrions lui restituer, car il le mérite assurément.

Dans les Gaules, dont le pommier est indigène, on a fait usage du cidre dès les premiers siècles de l'ère chrétienne ; mais cet usage ne s'est bien répandu dans le nord-ouest de la France qu'au XIIIe siècle, c'est-à-dire il y a environ sept cents ans, pour devenir peu à peu ce qu'il est aujourd'hui.

Le cidre est une boisson salubre et bienfaisante quand il est bien fait ; il jouit d'une faveur qui s'accentue de jour en jour ; il est bon pour les grands comme pour les petits ; il est à la portée de tous et de toutes les bourses ; il figure sur presque toutes les tables où il est, de toutes les réunions et de toutes les fêtes.

Bien triste est le repas où il n'apparaît pas avec sa belle couleur d'or ou d'ambre ; bien fâcheuse aussi cette absence, car on y supplée souvent par une autre boisson fort à la mode aujourd'hui, plus coûteuse et certainement moins bonne.

La cause du cidre est donc une cause bien gagnée, mais à laquelle nous pouvons encore faire faire un chemin immense par le soin, la capacité, la science que nous apporterons à sa fabrication. Déjà, dans l'Aisne, la production moyenne annuelle du cidre est de 15,000 hectolitres depuis dix ans.

Pour la France, où soixante-dix départements cultivent le pommier, la production moyenne annuelle du cidre a été de 13 millions d'hectolitres, toujours pour ces dix dernières années, alors que celle du vin était de 33 millions d'hectolitres.

Ce n'est vraiment pas une quantité négligeable dans l'alimentation nationale que celle de 13 millions d'hectolitres de cidre.

Eh bien, il dépend de nous, et il y va d'ailleurs de nos intérêts bien entendus, de faire que cette consommation rivalise de plus en plus avec celle du vin ou de la bière.

Et cela me paraît facile si nous faisons du bon cidre, dont le prix, rémunérateur pour le fabricant, sera encore peu élevé pour le consommateur, comparé à celui du vin ; si, au lieu de ce breuvage vert, louche, pâle, âcre, couleur de petit-lait, qui détraque les plus forts estomacs, produit des crampes et des coliques et occasionne des désordres très graves dans les principaux organes de la digestion, si nous faisons, dis-je, du cidre agréable, hygiénique, qui se conserve des années et des années, qui fasse sauter le bouchon avec des fugues à faire pâlir le champagne le plus authentique, si nous faisons du cidre qui réunisse à lui seul la douceur et le bouquet du bordeaux ou du bourgogne le plus estimé.

C'est alors que notre cidre méritera de nouveau le nom de **vin** et sera recherché avec empressement, soyez-en sûrs, des palais et des gourmets les plus délicats, et de ceux qui ne le connaissent pas encore, au grand profit du cultivateur intelligent du bon, vieux et généreux pommier de notre vieille et généreuse Thiérache.

CE QUE DOIT CONTENIR

UNE POMME DE PRESSOIR

Une pomme de pressoir doit contenir, entre autres principes :

1° Beaucoup de sucre ;

2° De 2 à 5 grammes de tannin ;

3° Du mucilage, environ 8 à 10 pour mille;

4° Du parfum et de l'amertume ;

5° Un peu d'acide, 1, 2 ou 3 pour mille.

Le sucre est le principe le plus essentiel; il donne au cidre sa force et le rend commerçable et capable de voyager.

Le tannin est le principe clarifiant, antiseptique; c'est le régulateur de la fermentation et le modérateur de l'alcool.

Le mucilage, principe doux, onctueux, concourt à la conservation du cidre en empêchant la conversion de l'alcool en acide acétique (vinaigre); on le rencontre surtout dans les fruits tardifs.

Le parfum et l'amertume accroissent les qualités hygiéniques de la boisson en la rendant plus agréable au palais et plus digestive.

L'acidité non exagérée rend la boisson rafraîchissante.

On peut se rendre compte de la richesse en sucre d'une variété de fruit, et cela exactement, en plongeant un densimètre dans son jus.

L'odorat et le goût donneront une idée suffisante de la saveur et du parfum.

Quant aux autres principes, il n'est guère possible de s'en assurer sans avoir recours à l'analyse.

RÉCOLTE DES POMMES. — MÉLANGE.
BRASSAGE

Voyons donc comment nous devons nous y prendre pour tirer le meilleur parti possible de nos pommes et faire de bon cidre.

Nous prendrons ces pommes dans le verger où elles viennent d'être récoltées, avec précaution, proprement, en évitant les foulures, qui détermineraient une pourriture partielle de mauvais goût.

Nous les rentrerons sous un hangar ou dans un bâtiment bien aéré, sur un plancher à 20 centimètres environ du sol, par tas ne dépassant pas 1 mètre de hauteur, afin d'éviter l'échauffement ; nous les soustrairons ainsi à l'action de la pluie, qui les laverait et leur enlèverait une partie de leur jus et de leur odeur.

Nous tâcherons de faire autant de tas que nous possédons de bonnes variétés, ou tout au moins de mettre dans le ou les mêmes tas toutes pommes de maturité semblable ou approchant, et les associer ainsi au brassage ; deux tiers de pommes sucrées-parfumées, et un tiers d'amères-parfumées et de légèrement acidulées. Pour moi, le type de la pomme acidulée à préférer est la **petite ente**.

Si je conseille ce mélange, c'est que, dans l'état actuel de la production, il est impossible de faire autrement.

Nous avons, en effet, trop de pommes manquant de l'un des principes indispensables pour faire un bon cidre. Le mélange tel qu'il est pratiqué depuis longtemps n'a d'autre raison que le complément des fruits les uns par les autres, et de faire passer les mauvais ou les médiocres en les noyant dans les bons.

Le but à atteindre serait de connaître parfaitement les variétés complètes, c'est-à-dire les variétés réunissant les principes énumérés au chapitre précédent et de faire un cidre pur avec chacune d'elles.

Nous aurions alors des cidres d'un bouquet plus fin, qui rappelleraient leur pomme ; nous boirions du **Jean-Bisseux**, du **Molaine**, du **Groulée**. etc., comme on boit du **Saint-Émilien**, du **Saint-Estèphe** ou du **Château-Margot**.

Et sachez bien que le vigneron se garde avec le plus grand soin de mêler les cépages qui peuvent lui donner un vin de marque. Il a trop peur d'atténuer ou de masquer leur bouquet particulier ; il se contente d'y mêler une ou deux vignes blanches de premier choix. Il me semble que nous pourrions agir avec la même prudence, j'allais dire avec le même respect, et je vous engage vivement à essayer (1).

Lorsque nos pommes répandront cette bonne odeur si connue et si aimée de l'odorat, il sera temps de les moudre ; attendre serait s'exposer sûrement à n'avoir qu'un cidre plat de goût, sans parfum et de qualité toujours inférieure. Au contraire, en les livrant au moulin à ce moment propice, nous emprisonnons cet arome si apprécié dans les pulpes, et le jus s'en imprègne et le retient.

Ne nous inquiétons donc point de savoir si nos pommes sont suffisamment avancées ou parées ; moulons dès qu'elles sentent bon depuis deux ou trois jours et soyons convaincus que, plus nous attendrions, plus notre cidre perdrait de toutes façons ; c'est là le secret du bouquet après le choix des pommes parfumées.

Et, d'ailleurs, il est bon de savoir, et je dois le dire ici, que les fruits verts ne contiennent que 6 0/0 de sucre,

Les fruits pourris, des traces seulement,

Les fruits blets, 8 0/0,

Les fruits mûrs à point, 12 0/0,

(1) L'année même où je faisais cette conférence, novembre 1899, j'essayais précisément le moût d'une pomme originaire de La Vallée-aux-Bleds, provenant d'un aigrin de M. Garin-Moroy, pomme que j'ai nommée pour cette raison : *Parfumée Garin.*

Le résultat a été merveilleux : Jus extra-coloré, limpidité parfaite, goût parfumé exquis et inconnu jusqu'à ce jour ; densité 1,075

Depuis, les années ayant été pluvieuses, cette pomme n'a plus donné la même densité.

Variété à bois tendre, très vigoureuse et productive.

Et que les fruits qu'on laisse **blondir**, c'est-à-dire dont la maturité est poussée un peu plus loin, contiennent bien un peu plus de sucre, mais renferment alors à côté une dose double d'acidité.

Vous voyez qu'il n'y a même pas avantage à laisser blondir les fruits, parce qu'ils donnent alors plus d'acide, et qu'il est bien préférable de brasser les [fruits quand ils sont mûrs à point.

Quand on parle *fabrication de cidre*, il faut toujours sous-entendre *propreté absolue* d'un bout à l'autre, sur toute la ligne des opérations ; car la propreté nous débarrassera d'une foule de mauvais ferments dont l'action peut occasionner des insuccès tout à fait inattendus. Écartons surtout les vinaigres, et que notre cave soit elle-même entretenue avec le plus grand soin.

Le moulin, ainsi que tous les autres ustensiles de pressoir seront donc d'une propreté absolue.

Nous ne moudrons ni trop gros ni trop fin ; trop fin, le cidre contiendrait plus de lie et clarifierait plus difficilement ; trop gros, l'extraction du jus serait incomplète.

Je ne m'attarderai pas à la question de savoir si l'on doit ou non écraser les pépins, c'est un détail trop mince au point de vue *cidre* ; s'il s'agissait de produits à distiller, ce serait différent, par exemple.

Nous mettrons nos pulpes dans des cuves de 0 m. 50 environ de profondeur que nous n'emplirons qu'aux deux tiers pour faciliter le pelletage ; car il ne suffit pas de laisser cuver les pulpes tranquillement, il faut les pelleter toutes les quatre ou cinq heures, afin de ramener celles du fond à la surface pour que le tout prenne rapidement, au contact de l'air, une belle teinte rouge foncé.

Le cuvage ainsi pratiqué peut se prolonger jusque quarante-huit heures si la température ne dépasse pas 8°, beaucoup plus si cette température n'est que de 1° à 5°, ou si l'on a affaire à des fruits un peu verts, car le cuvage fait perdre aux fruits une partie de leur acidité.

Il paraît qu'en Normandie on ne laisse guère cuver les

pulpes que douze à quinze heures. Pourquoi un délai aussi court? Est-il justifié? Je n'en sais rien. Mais ici, nous sommes en Thiérache, et pour mon compte je n'ai jamais eu qu'à me féliciter d'un cuvage prolongé autant que la prudence peut l'admettre, c'est-à-dire de quarante-huit heures, et j'ai même souvent dépassé cette limite sans inconvénient.

Du reste, aux États-Unis, on va jusqu'à soixante heures ; on raconte même que dans une ville du Massachusetts, un cidre présenté au concours et obtenu après huit jours de cuvage, a été trouvé excellent ; mais ceci ne peut sans doute se passer qu'en Amérique, pays des choses les plus... extraordinaires.

En tout cas, la macération sera toujours subordonnée à la température ; plus longue au-dessous de 5°, plus courte au-dessus, afin d'éviter un commencement d'acidification.

Voici les effets du cuvage :

1° Les cloisons du fruit qui contiennent le jus se dilatent, gonflent et crèvent, ce qui fait que le liquide s'obtient plus facilement et en plus grande quantité ;

2° La proportion du sucre augmente ;

3° Le moût se colore beaucoup plus et s'imprègne bien du parfum de la pomme qu'il retient.

C'est donc une opération de première importance qu'il ne faut pas négliger et sur laquelle j'appelle votre plus grande attention.

Quant à l'eau que vous pourriez vouloir additionner à votre cidre, il ne faut la mettre qu'après douze à quinze heures de cuvage, car elle s'opposerait au passage de l'air dans les **zennes** et les empêcherait de rougir.

Puisque je suis en train de parler de l'addition de l'eau au cidre, j'ajouterai qu'il n'est pas prudent d'abuser de cette pratique si l'on veut viser à un avantage réel. En effet, si l'on met trop d'eau, la boisson durcira vite et deviendra mauvaise et imbuvable, elle sera perdue ; ou bien il faudra sucrer le moût, et alors, dans les deux cas, adieu l'économie !...

Avec des pommes bien sucrées, on peut faire une excellente

boisson destinée à être bue dans l'année en additionnant au moût un tiers d'eau; ce sera de la boisson économique.

Avec les mêmes fruits et un sixième d'eau, on aura du bon ordinaire pouvant durer plusieurs années en tonneau ou en bouteille, si les soins dont je parlerai tout à l'heure n'ont pas manqué.

Enfin, toujours avec les mêmes bons fruits, mais sans eau, cette fois, le cidre obtenu et bien traité ensuite se conservera certainement vingt, trente ans et plus, en gardant sa force et son bouquet; l'expérience, d'ailleurs en a été faite ici même, à La Vallée-aux-Bleds; une foule de vins, même de soi-disant grands vins, ne se comportent pas si bien.

Et dire qu'une boisson d'une pareille valeur est encore inconnue des trois quarts de la France, qu'elle est traitée par une foule de gens avec un dédain suprême que se plaisent à entretenir des détracteurs intéressés sans doute!

Mais, vous tous qui ne connaissez pas le cidre, venez donc en goûter dans notre région, venez rassasier votre palais de sa saveur exquise, venez embaumer votre haleine de son parfum, venez réconforter votre sang, votre cœur, votre cerveau de sa chaleur bienfaisante, généreuse et gaie, et vous contracterez bien vite avec lui une alliance indissoluble dont vous recueillerez de précieux avantages!

Pour ne pas perdre les bonnes substances qui restent dans les zennes du cidre pur, il faut les émietter, verser dessus 25 à 30 litres d'eau pour un hectolitre de zennes et laisser cuver pendant douze heures environ. On aura ainsi, en pressant ensuite un jus blond, légèrement sucré et parfumé, que l'on mêlera alors en guise d'eau à de bonnes zennes dans la proportion de 10 à 15 litres par hectolitre. Le résultat sera un cidre gracieux, parfait, qui aura tous les airs de famille du cidre pur dont il descendra. Je donne ces quantités plutôt à titre d'indication, mais je vous recommande cependant de ne pas trop vous en écarter, et j'ajoute que faire du petit cidre plus étendu d'eau me semble une erreur ou une... lessive.

Terminons ce chapitre en disant que la meilleure de toutes

les eaux est celle de pluie proprement recueillie, puis celle de puits ou de source jaillissante. qui doivent être limpides, sans odeur, sans saveur, et capables de bien dissoudre le savon et de bien cuire les légumes.

Il faut bannir à tout prix les eaux de mares, de fossés et n'importe quelle eau dormante, parce que toutes ces eaux renferment des matières en décomposition ou des substances nuisibles susceptibles d'altérer les plus robustes constitutions.

Les eaux séléniteuses, c'est-à-dire contenant du plâtre, sont également mauvaises, mais celles qui contiennent un peu de chaux sont bonnes.

Il existe plusieurs méthodes d'extraction du jus des pulpes, mais ne nous occupons que de celle qui est en usage dans notre pays, la méthode par pressurage, dont la pratique est également facile et avantageuse, quel que soit le système de pression des puissants appareils que nous avons à notre disposition (1), et encore laissons de côté la manière de faire les pains sur la table en bois ou en fonte, ce que chacun fait ici aussi bien que son voisin, rappelons seulement que les claies ou les toiles, la paille employées doivent être très propres, que nous ne presserons pas trop vite et que nous laisserons au jus le temps de bien s'couler. En pressant lentement on obtient le jus sans accident et presque sans peine. En pressant trop vite, surtout quand on emploie des cages en bois, le jus entraîne avec lui la pulpe vers les bois et il y a barrage; la pression devient alors difficile et même impossible.

On a l'habitude de recueillir provisoirement le cidre doux dans des gueulebées afin de mélanger le premier coulé avec le dernier, ou afin d'éviter ce mélange. On accorde à l'un ou à l'autre, je ne sais auquel des deux, plus de sucre. Eh bien, j'ai cherché à me rendre compte du moment où le jus était plus ou moins sucré, je dois avouer que le densimètre n'a pas indiqué de différence; cette différence, si elle existait, serait en tout cas bien faible et ne vaudrait pas la peine de nous y arrêter.

(1) Nous croyons rendre un véritable service à nos lecteurs en leur recommandant les moulins et pressoirs de la maison J. Garin, de La Vallée-aux-Bleds (Aisne), fabriqués avec les derniers perfectionnements.

MISE EN CAVE. — TONNEAUX.

FERMENTATION

Enfin, quel qu'il soit, le moût doit être mis en cave dans des tonneaux, bonde ouverte, francs de goût et d'une propreté parfaite au dedans et au dehors; qu'il est même bon de défoncer tous les trois ou quatre ans pour mieux s'assurer du nettoyage. Si les tonneaux avaient été soufrés, il faudrait les rincer à l'eau froide avant de les employer. S'ils sortaient de vin, c'est alors surtout qu'il faudrait les passer au carbonate de soude une ou deux fois, car le bois de ces tonneaux contient le ferment mère de vinaigre qui va quelquefois si vite que le cidre doux sûrit sans même avoir eu le temps de commencer à fermenter.

Cet accident m'est arrivé deux fois; c'est ce qui m'autorise à vous conseiller de carbonater plutôt deux fois qu'une.

Il ne doit régner aucun courant d'air dans la cave à cidre; sa température doit être constante ou à peu près et ne jamais descendre au-dessous de 10° pendant la fermentation.

La fermentation, d'où dépend la clarification, ne s'opère convenablement qu'à cette température minimum; s'il se produit un froid, elle se ralentit, s'arrête, se fait mal; le moût perd son goût sucré, se trouble, ne s'éclaircit qu'à la longue et produit finalement un cidre dur, peu agréable, qui filera ou graissera neuf fois sur dix, à moins... qu'il ne soit bu auparavant, c'est-à-dire tout de suite.

Nos caves, il faut le dire, sont rarement installées ou construites pour recevoir la boisson seule. Elles servent en même temps à recevoir les provisions de racines : pommes de terre, betteraves, carottes, choux, navets. Or, ces légumes exigent un air froid et sec, tandis que cet air est pernicieux pour le cidre. Il n'y a pas ici d'accord possible, et si vous ne voulez pas sacrifier toujours votre cidre, il est absolument nécessaire de faire dans vos caves les divisions qui vous permettront de le traiter convenablement.

Le départ de la fermentation a lieu trois, quatre, cinq ou six jours après la mise en cave, selon le plus ou le moins de richesse saccharine du moût (richesse en sucre), et selon la température. Si ce phénomène retarde, on le provoque en fouettant le cidre avec un bâton introduit par la bonde et auquel on imprime un mouvement de va-et-vient ou que l'on fait tourner.

Par la fermentation, le sucre du moût se change partie en alcool et partie en acide carbonique.

D'après une analyse de Pasteur, 100 parties de sucre de fruit donnent 48 parties d'alcool et 46 parties d'acide carbonique.

Plus le liquide est sucré, plus la fermentation dure.

Une forte écume brunâtre et ensuite blanchâtre monte et se maintient à la surface du liquide et sort en partie par la bonde ; c'est la lie tumultueuse ou légère ; pendant ce temps une écume fixe, vaseuse et lourde descend dans le bas du tonneau, c'est la lie de fond.

Pendant ce travail, qui dure avec une intensité décroissante de quatre à six semaines, selon la température et la densité du moût, le cidre s'éclaircit ; on s'assure de ses progrès au moyen d'un fausset. Il arrive un moment où il est bien clair et encore très sucré ; c'est alors qu'il est entre deux lies et il convient de le soutirer tout de suite.

Si l'on attendait, l'effervescence diminuant, le mouvement ascensionnel du gaz carbonique perdrait de sa force et ne pourrait plus soutenir à la surface du liquide le chapeau d'écume qui s'y trouve ; celui-ci ne tarderait pas à descendre lentement filtrant à travers le cidre qu'il salirait et troublerait en lui ôtant en même temps sa finesse. C'est pendant cette descente que le cidre **fait des pommelots**. D'après Hauchecorne (*Le Cidre.*)

Au bout de huit ou dix jours de forte fermentation, je pose les bondons sur leurs trous sans les serrer, afin d'emprisonner dans les tonneaux le plus possible de gaz carbonique, gaz qui, vous le savez, se dissout dans la boisson et lui communique une saveur piquante et agréable. Par précaution je les soulève de temps en temps, et, au fur et à mesure que la fermentation tumultueuse diminue, je cesse de les soulever et les appuie au contraire un peu plus fort.

Quelques personnes placent sur la bonde un morceau de papier avec une poignée de sable dessus ; ce procédé est bon ; l'excès de gaz soulève le papier et s'en va ; mais il faut éviter d'employer la cendre.

D'autres personnes remplissent le tonneau et font ainsi sortir la lie superficielle d'une façon bien moins complète qu'elles ne le pensent ; c'est beaucoup d'embarras pour un résultat médiocre. Cette manière d'agir a l'inconvénient de refroidir journellement le moût et de gêner la fermentation ; tout au plus serait-elle bonne pour débarrasser d'une partie de leur lie les cidres qui doivent être bus sans soutirage.

SOUTIRAGE. — NOIRCISSEMENT.
MISE EN BOUTEILLES

Le soutirage a des ennemis, je le sais ; mais pour moi, je le crois d'une importance capitale pour la bonne conservation du cidre, et je cherche par là à le débarrasser des matières qui lui nuiraient certainement plus tard par leur mouvement ou leur décomposition dans le tonneau.

Avec un peu de bonne volonté on pourrait faire sur le soutirage des expériences convaincantes ; cela vaudrait mieux que de rejeter sans même l'avoir vérifié un procédé dont la valeur n'est raisonnablement pas contestable.

Plusieurs soutirages sont souvent nécessaires pour arriver à une clarification parfaite ou du moins satisfaisante ; mais il faut toujours éviter de soutirer quand le cidre n'est plus sucré, l'opération le rendrait plat de goût, il s'éventerait et ne se referait pas. Tandis que l'opposé a lieu si le cidre est encore sucré, car alors le mouvement donné par le soutirage provoque un complément de fermentation et la transformation du reste du sucre en alcool qui relève la boisson.

Si un soutirage tardif était inévitable, il faudrait sucrer un peu afin d'obtenir une nouvelle effervescence; mais dans ce cas la réussite n'est pas toujours assurée.

Certains fruits produisent un cidre qui noircit peu de temps après qu'il est tiré. La cause du noircissement est due à la nature du terrain ocracée sans doute, ou même simplement à la nature des fruits ou à leur verdeur. On évite ce grave inconvénient en soufrant le cidre au moment du soutirage.

Et voici comment on s'y prend :

On verse un seau de cidre dans une futaille bien propre, on y fait brûler deux centimètres de mèche soufrée par hectolitre, on bondonne et l'on fouette bien comme pour rincer. Le liquide se charge d'une bonne partie du gaz sulfureux. On ouvre alors et on achève de remplir le tonneau à 2 ou 3 centimètres près, puis on bouche hermétiquement. Dans cet état le cidre se conservera doux longtemps et ne noircira jamais; car le soufre a neutralisé les principes du noircissement et annihilé pour un certain temps ceux de la fermentation.

C'est pour cette dernière raison qu'il n'est pas prudent de se servir d'un tonneau qui a été soufré nouvellement, surtout sans l'avoir au préalable bien rincé; sans cette précaution, le cidre prendrait d'abord un goût de soufre très désagréable, ensuite il risquerait fort de ne pas fermenter convenablement; or, rappelez-vous que tout cidre qui n'a pas bien fermenté deviendra gras et filera en juillet ou en août, à moins, comme je l'ai dit précédemment que l'on n'ait pris la précaution ici encore de le faire filer plus tôt par un chemin que vous connaissez tous.

Les lies des soutirages, quelquefois abondantes, ne doivent pas être toutes perdues. On met les moins épaisses de côté dans un tonneau où elles éclaircissent et constituent une excellente boisson que l'on consomme des premières.

Je soigne tout particulièrement le cidre qui doit être mis en bouteilles et je le soutire deux fois s'il en est besoin.

Malgré ces soins, il dépose encore un peu dans la bouteille à la longue. C'est un inconvénient auquel il faut savoir se résigner, et il vaut mieux en prendre son parti que de chercher ou d'attendre une clarification que l'on obtiendra très rarement complète par des dépotages, des décantages qui ne s'opèrent pas sans nuire à la force et au bouquet du cidre.

On n'est pas si difficile pour les vins les plus fins, et l'on est au contraire très satisfait quand ils se dépouillent, c'est-à-dire déposent et crassent la bouteille, acquérant par là la pureté de leur bouquet.

Qu'il en soit de même pour nos vins de pommes et sachons les faire boire comme on sait faire boire les grands vins. Tenons la bouteille avec précaution sur son flanc et versons sans la relever à chaque verre.

La mise en bouteilles doit se faire par un temps clair et sec; les bouteilles bien bouchées et bien ficelées pourront rester droites pendant quelques semaines si l'on ne veut pas faire aller le cidre trop vite. Ensuite on les couchera en place, à l'abri de la lumière dans une cave spéciale sans courant d'air, à température de 5 à 10 degrés environ.

J'ai essayé de mettre mes bouteilles sur pointe à la façon usitée pour débarrasser de leur lie les vins destinés à la fabrication du champagne. Ce moyen ne m'a pas réussi complètement. La lie du vin blanc est un peu granuleuse et se détache assez facilement du verre; celle du cidre est plus fine et vaseuse et s'attache davantage à la bouteille; elle ne s'en va pas entièrement au débouchage.

Voilà ce que j'avais à vous dire sur la fabrication du cidre; j'ai été forcément un peu long, le sujet étant vaste lui-même, et si je ne vous ai pas parlé de toutes les maladies du cidre et de leur guérison, ce qui m'aurait conduit hors des limites que j'avais fixées à cet entretien, je crois du moins avoir paré à cette lacune dans une certaine mesure en vous indiquant le vrai moyen de ne pas faire de mauvais cidre, de cidre malade.

Nous allons donc, pour terminer, résumer brièvement les

diverses opérations nécessaires pour arriver à obtenir un bon cidre et de conservation facile. Ces opérations consistent :

1° A récolter les pommes à maturité convenable, à les conserver à l'air, mais à l'abri de la pluie ;

2° A moudre à point en associant toutes les pommes de maturité semblable dans la proportion de 2/3 environ de sucrées et 1/3 en parfumées-amères acidulées légèrement ;

3° A faire cuver les pulpes en les pelletant bien, de temps en temps, afin de les faire rougir au contact de l'air ;

4° A faire fermenter le moût en cave à température constante et sans courant d'air ;

5° A soutirer entre deux lies en ayant soin de soufrer le cidre et de bien boucher ensuite les tonneaux.

C'est tout ; et si vous ajoutez à cela ce que votre propre expérience vous a certainement déjà fait découvrir, je puis vous certifier que vous réussirez toujours et que vous trouverez profit et plaisir à extraire et à boire le jus de la pomme que la nature a fait si bon et que, par sa faute, l'homme rend encore si souvent mauvais.

P.-A. SANDRA

16092. — Paris. Imp. Ed. Duruy, rue Dussoubs, 22 (1-1904).

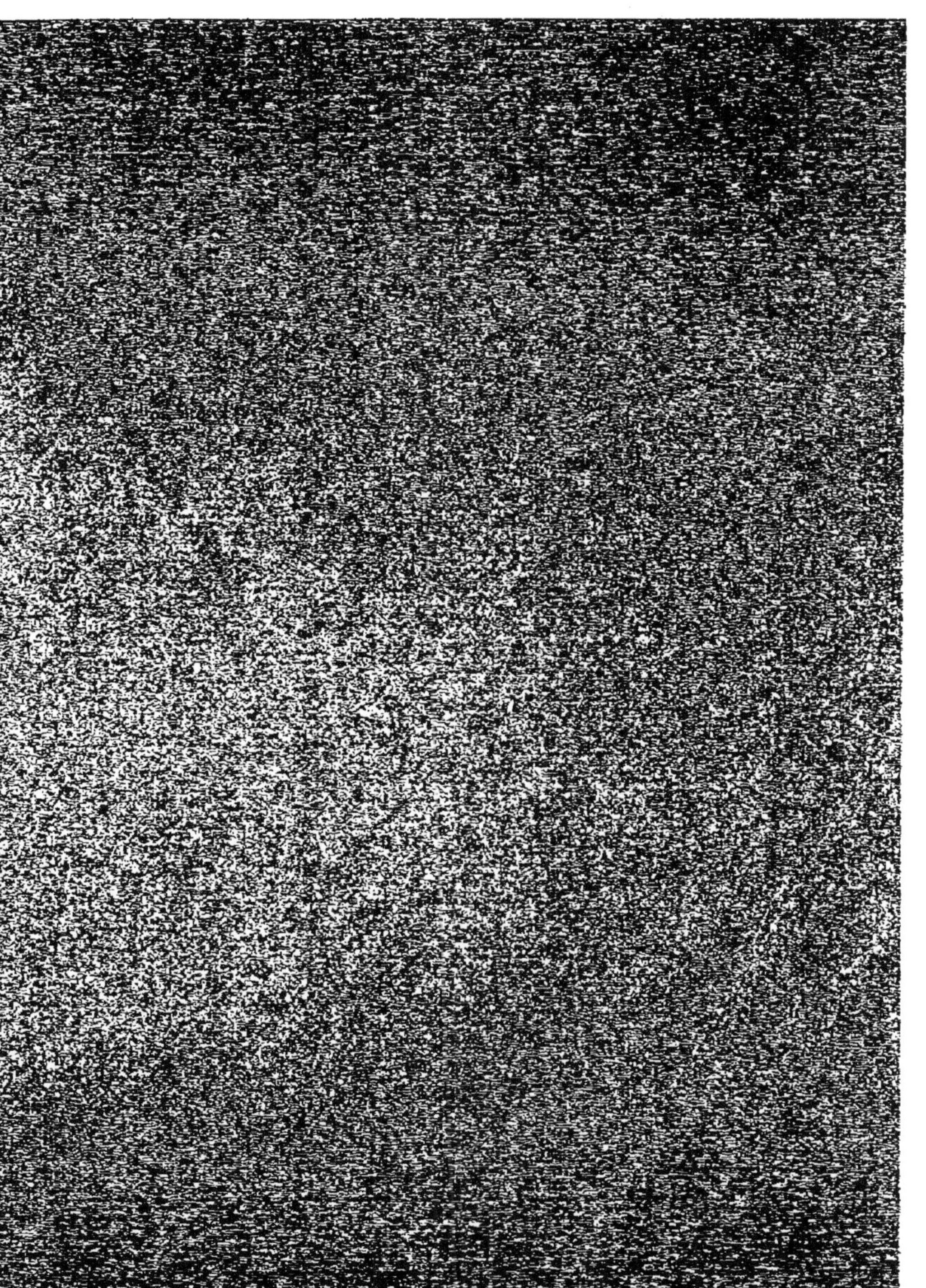

Ed. DURUY
IMPRIMEUR
Paris — rue Dussoubs — Paris